30분
놀이의
기적

글쓴이 배선미

양육상담전문가이자 놀이치료 및 부모교육 전문가.
학부와 대학원에서 교육학을 전공하고, 이후 놀이치료와 상담을 주전공으로 석·박사를 취득하였다. 현재 경기도 화성시 육아종합지원센터, 경기도 여성가족재단, 경기도 육아종합지원센터 등에서 양육상담, 부모코칭, 부모교육, 영유아발달지원 수퍼바이저로 활동하고 있으며, 온심리상담센터 센터장으로 놀이치료, 아동·청소년 상담, 부모상담, 부부상담, 부모교육, 상호작용코칭 등 임상 현장에서 상담자로서 활발히 활동하고 있다. 저서로는 《정서중심 실천육아》가 있다.

그린이 김은주

아이들은 놀이를 통해 몸과 마음이 성장해간다. 부모와 아이들의 특별한 놀이를 위한 내용을 그림으로 표현할 수 있는 기회가 내게도 특별한 시간이 되었다. 이 책을 만나는 모든 이들에게 작가가 전하고자 하는 메시지가 잘 전달되기를 바라며, 함께 작업한 내게도 특별한 의미로 다가온 시간이었다.

그린이 노유리

5세, 7세 남매를 키우는 평범한 엄마로 여느 부모들처럼 육아에 대한 끊임없는 고민을 하며 올바른 방향을 찾으려 노력하고 있다. 내 아이가 그래야 하듯 세상 모든 아이들이 사랑과 따뜻함 속에서 어른으로 피어나길 바라는 마음을 그림에 담았다.

30분 놀이의 기적

ⓒ 배선미, 2022

초판 1쇄 발행 2022년 3월 20일

지은이 배선미
그린이 김은주·노유리
펴낸이 이기봉
편집 좋은땅 편집팀
펴낸곳 도서출판 좋은땅
주소 서울특별시 마포구 양화로12길 26 지월드빌딩 (서교동 395-7)
전화 02)374-8616~7
팩스 02)374-8614
이메일 gworldbook@naver.com
홈페이지 www.g-world.co.kr

ISBN 979-11-388-0764-7 (03590)

놀이치료 기법을 활용한
성장과 치유의 부모-자녀 상호작용 놀이

30분 놀이의 기적

글 배선미

그림 **김은주 노유리**

좋은땅

상담 현장에서 아이들과 보호자를 만나면서 상호작용을 코칭하고 어떻게 하면 '우리 아이들을 올바르고 행복하게 잘 키울 수 있을까'에 대해 함께 고민하며 그에 적절한 최선의 방법들을 찾고 있습니다. 일상에서 시간을 함께 보내는 가장 중요한 타인인 부모 및 보호자들이 아이들과 함께 놀이할 수 있는 방법 등을 쉽게 접할 수 있도록 근원적이고 가장 기본적인 방법을 지원하는 것이 무엇보다 중요함을 확인하고 있습니다. 임상 현장에서 전문가로서 아이들을 만나 정서중심 놀이치료를 하고, 부모 및 보호자와는 양육상담과 정서적 상호작용 방법을 코칭하면서 정서중심 놀이치료 기법을 토대로 한 놀이를 더 많은 부모 및 보호자들이 일상에서 꾸준히 실행할 수 있으면 좋겠다는 바람이 있습니다. 이에 대한 가장 기초적이지만 중요한 방법을 짧은 글과 그림을 활용하여 누구나 쉽게 접하고 실행할 수 있도록 책으로 엮게 되었습니다. 방법은 간단하지만 꾸준히 실행하고 다시 살피면서 부모 및 보호자와 아동 간의 상호작용이 긍정적으로 변화됨을 스스로 느끼고 효과를 확인할 수 있기를 바랍니다. 아이들의 놀이에서 중요한 것은 구조화된 놀잇감이 아닌 자신과 함께하는 사람, 그리고 '아동 자신에게 중요한 사람과 온전히 함께하는 시간'임을 기억하시기를 바랍니다. 우리 아이들은 모두가 선한 바탕에 훌륭함까지 갖추고 있음을 믿고 불안함을 내려놓으시길 바랍니다.

FISH SWIM, BIRDS FLY AND KIDS PLAY

물고기가 헤엄치고, 새들이 하늘을 날아가듯
아이들에게 놀이는 자연스러운 것이다.

- Garry L. Landreth

'어떻게 놀아 줘야 할까?'를
부모님들은 끊임없이 고민합니다.

'어떻게 놀아야 내 아이와

즐겁게 놀이할 수 있을까?'

어린 자녀가 혼자서 놀이를 하고 있을 때,

적절히 개입하지 못한다고 느낄 때는

죄책감을 느끼기도 합니다.

'놀이를 통해 내 아이와 좋은 관계를 만들 수는 없을까?', '안정적인 애착형성을 위해서 무엇을 해야 할까?' 등에 대해 생각하면서도 막상 시간이 없다는 이유로 일상 속 시간을 흘려보내기도 합니다.

이러한 질문들에서 시작하여 놀이를 매개로 한 아동상담 기법으로 아이들에게는 치유와 성장의 시간을, 부모님(또는 성인 보호자)들에게는 내 아이를 이해할 수 있는 가장 빠르고 확실한 기회가 될 수 있도록 전문가들이 활용하는 방법을 부모님(또는 성인 보호자)들과 공유하고자 합니다.

여기에 제시되는 특별한 놀이 방법으로 내 아이와의 반응적 상호작용이 익숙해지고, '**함께하기**'가 충분해짐으로써 일반화에 이르게 되는 것이 이 놀이의 궁극적인 목표입니다.

이 목표에 이르기 위해 필요한 것은 일정한 시간을 아이와 함께 보낸다는 부모님의 실천적 약속과 특별한 놀잇감이 들어 있는 상자 그리고 방해받지 않는 공간입니다.

특별한 놀이에서의 특별함의 의미는
함께하는 '구조화된' 특별한 사람,
특별한 공간, 특별한 놀잇감
그리고 특별한 시간입니다.

이 놀이의 가장 큰 강점은 부모님이 가정에서 직접, 내 아이와의 놀이시간 및 간격을 정할 수 있다는 것입니다. 예를 들면, 유아의 경우 1주일에 1회 또는 2회, 학령기 아동의 경우엔 자녀와 합의 후 정할 수 있습니다.

이 특별한 놀이에서 부모는 자녀를 깊이 이해할 수 있는 기회가 될 수 있으며, 부모로서의 역할에 만족감과 자신감을 갖게 합니다.

자녀에게는 부모와의 밀도 있는 시간을 통하여 자존감과 자신감이 쌓이게 되고 수용받는 경험 등을 통하여 자신의 존재 가치감을 느끼게 됩니다. 이러한 경험을 통하여 자녀는 무엇보다 중요한 **'심리적 안전기지'**를 구축하게 됩니다.

이 놀이는 그리 어렵지 않습니다. 누구나 할 수 있지만, 꾸준히 하는 것이 중요합니다. 꾸준히 해야 습관이 되고, 일상으로 자연스럽게 스며듭니다.

최소 12주까지는 매주 꾸준히 실시해야 내면화될 수 있습니다.

일주일에 1회 또는 2회 진행하면 됩니다.

시간은 1회당 30분으로 정하고, 횟수는 아이의 연령과 발달수준에 따라 부모님의 재량에 따라 정할 수 있습니다. (만일, 2회로 정할 경우엔 일정 간격을 두는 것이 좋습니다.)

이 놀이는 36개월 이상 유아부터 만 12세 아동의 가족에게 추천됩니다.

특별한 놀이를 위한 놀잇감 상자에 포함되는 놀잇

감은 특별한 의미가 투사되는 놀잇감입니다.

플레이도우, 천사점토, 크레용 또는 색연필(12색), 색종이, 스케치북, 플라스틱 젖병, 다트, 작은 가족인형과 인형집, 장난감 병정(10~15개), 공룡 미니어처 세트, 미니자동차(4~5개), 블록, 병원놀이세트, 끈(운동화 끈이나 안전하게 처리된 끈), 손인형, 그 외 포함하고 싶은 놀잇감 2~3가지. (학령기 아동의 경우 보드게임 포함)

아이와 놀이를 할 수 있는 공간은 주변의 자극(특히, 일상의 놀잇감과 스마트폰)으로부터 방해받지 않고 온전히 부모와 자녀가 놀이를 하면서 **서로에게 집중할 수 있는 공간**이 좋습니다.

부모(또는 보호자)가 자신과 아이의 상호작용 패턴을 객관적으로 분석하기 위해 놀이 영상을 촬영하는 것도 가능합니다. 이때에는 아이에게 왜 촬영을 하는지 솔직하게 사실에 근거하여 설명하면 됩니다. (예: "엄마가 너와 더 잘 지내는 방법을 알기 위해서 촬영하는 거야.")

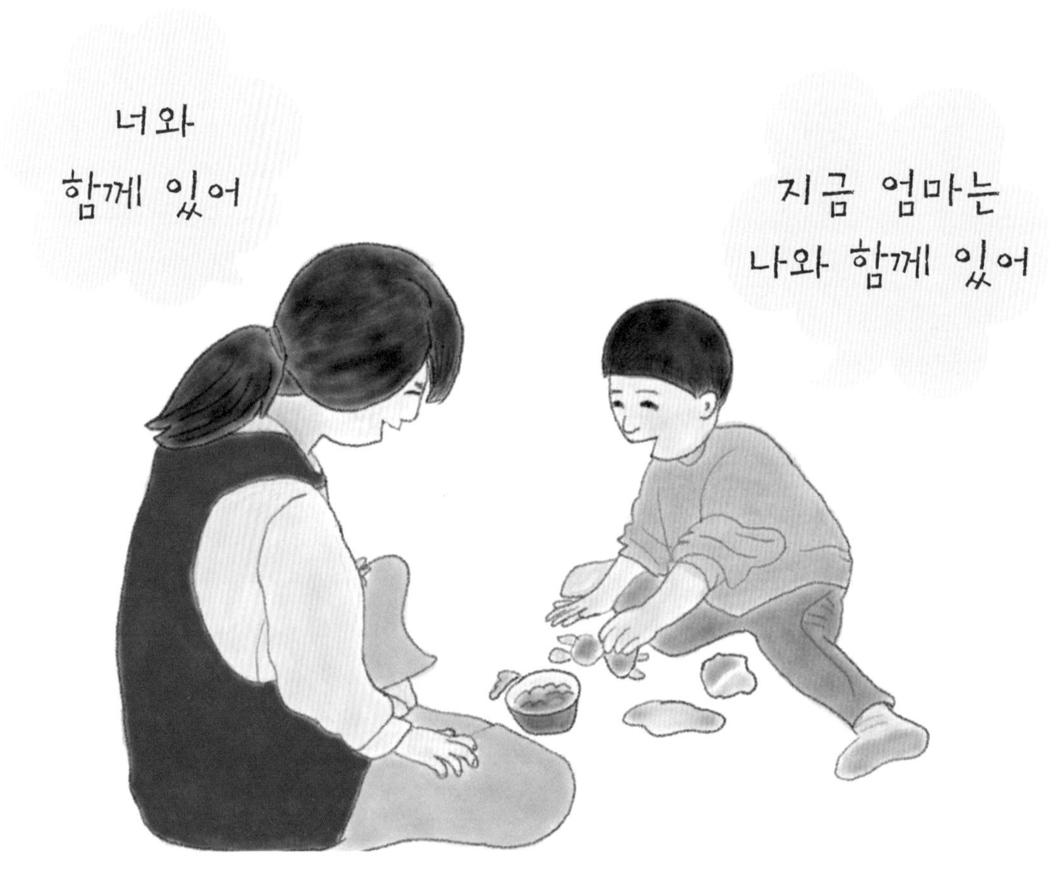
너와
함께 있어
지금 엄마는
나와 함께 있어

이 공간은 특별한 놀이를 진행하는 기간 동안 지속되는 것이 효과적입니다. 보통, 10회기~12회기 정도를 진행하지만 부모와 자녀가 원한다면 더 오랫동안 진행할 수 있습니다.

특별놀이상자는 특별한 놀이가 있는 그 시간 동안에만 제공이 되어야 하고, 형제자매가 있는 경우에도 특별한 놀이를 실시하는 해당 자녀에게만 제공이 되어야 합니다.

특별놀이의
시작

이제
"START~"

놀잇감 상자를 한쪽에 두고 자녀에게 "○○아, 이 시간은 아주 특별한 시간이야. 엄마(또는 아빠)가 너와 새로운 방식으로 놀이를 하려고 해. 매주 ○요일 ○○시부터 30분 동안 여기에 있는 놀잇감으로 이곳에서 놀이를 할 거야. 이 시간에는 여기 있는 이 놀잇감들로 네가 원하는 방법으로 놀이할 수 있어. 만일, 해서는 안 되는 일이 있으면 그때 알려줄 거야."라고 안내를 합니다. 횟수가 거듭될수록 익숙해지면, "이제 특별놀이시간을 갖자."라고 간단히 말할 수도 있습니다.

어린 아동일수록 화장실을 다녀오거나 물을 마시고 싶어 할 수도 있습니다. 특별놀이시간 전에 미리 확인하여 방해받지 않도록 하는 것이 좋습니다. 만일, 놀이시간 도중에 가겠다고 하면 한 번만 다녀올 수 있다고 알려 줍니다. 아동이 화장실에 다녀오면 "이제 특별놀이시간에 다시 들어왔구나." 라고 말해 줍니다.

놀이의 시작은 자녀로부터 시작됩니다. 놀잇감의
상자를 여는 것부터 놀잇감의 선택과 놀이의 방법
등을 자녀가 정하는 것입니다.

어떤 경우엔 부모에게 선택을 미룰 수도 있습니다.
"엄마가 선택해 주기를 바라는구나. 그렇지만 네
가 선택할 수 있단다."라고 말하여 스스로 선택할
수 있도록 기다립니다.

자녀가 하는 활동과 표현하는 감정을 부모는 언어로 표현해 줍니다. 예를 들어, 공룡으로 공격놀이를 하는 경우라면 "얘가 얘를 때리고 있구나." 하며 자녀의 표정을 세심히 살피고 표정에 나타나는 정서를 말해 주거나 놀이에 투사하는 감정을 말해 줍니다. 이 기법은 스포츠 캐스터가 경기를 자세히 중계하는 것과 유사합니다. 자녀가 말하는 것, 자녀의 정서와 표정 등을 언어로 말해 주는 것입니다. 언어발달이 충분치 않은 경우, 더 자세히 더 많은 빈도로 언어표현을 하고, 언어발달이 충분한 아동의 경우엔 **'의미 있다고 여겨지는'** 부분을 중점적으로 tracking합니다.

놀이가 진행되는 동안, 자녀에게 질문을 하거나 지시하는 것은 자녀의 놀이에 방해가 됩니다. 이 시간은 철저히 자녀가 주인공이 되고, 기획자가 되며 감독자가 되는 것이라 생각하면 됩니다.

처음에는 자녀의 놀이를 단순히 관찰하면서 언어로 표현하는 것이 어려울 수도 있습니다. 하다 보면 익숙해지고 어느 순간 자연스러워집니다. 자녀의 행동이나 표정 등에 '의미가 있다.'라고 여겨지면 언어로 표현하는 것입니다.

예를 들어, 열심히 블록을 끼우는 행동, 놀이 방법을 생각하는 모습 등을 언어로 표현해 주는 것입니다. "열심히 끼우고 있구나.", "곰곰이 생각하고 있네." 등.

자녀는 놀이를 하면서 질문할 수 있습니다. 놀잇 감 사용 방법 등에 대해서 묻는 경우, "이 놀잇감으 로 무엇을 하는 건지 알고 싶구나. 이 시간에는 네 가 원하는 방식으로 놀 수 있어."라고 얘기해 주고, 명칭과 단순한 정보에 대해 알고 싶어 하는 경우엔 알려 줄 수 있습니다.

예를 들어, 공룡의 이름을 궁금해하는 경우 "사람들은 이 공룡의 이름을 티라노사우루스라고 해. 하지만 이 시간에는 네가 원하는 이름을 붙여 줄 수도 있어."

부모는 자녀가 혼자서 가치와 판단을 세우도록 하는 것이 매우 중요합니다. 만약, 자녀가 부모와 함께 놀이하기를 원한다면 부모에게 놀자고 요청하는 것도 자녀의 몫입니다.

같이 놀아요~
엄마가 아기예요!

부모에게 함께 놀자고 요청하면 완전히 함께 놀아야 합니다. 자녀가 어떻게 놀아 주기를 원하는지에 대해 주의를 기울이고, **놀이의 주도성은 자녀에게** 있다는 것을 잊지 말아야 합니다.

부모는 자녀와 함께하는 시간 동안 **완전히 몰입**해서 자녀가 말하고 행동하고 느끼는 모든 것에 주의를 기울이는 것입니다.

자녀의 정서에 주의를 기울이며 자녀가 보여 주고 싶어 하는 것들을 알아채 말해 주는 것은 매우 중요합니다. 이렇게 하다 보면, 자녀는 자신의 깊은 내면의 것들을 자연스럽게 드러내게 될 것입니다.

부모와 자녀가 함께하는 특별놀이 시간에서의 놀이는 일반적이지 않아도 괜찮습니다. 예를 들어, 클레이로 동산을 만들어 자동차가 지나간다든지, 공룡이 함께 살아갈 수 있는 마을을 만들어도 됩니다. 여기에서 숨바꼭질을 하는 상황을 연출할 수도 있습니다. 정해진 규칙을 바꿀 수도 있습니다. 이 모든 것은 자녀가 주도하는 것입니다.

부모들은 때때로 자녀에게 제한을 설정해야 하는 때가 있습니다. 제한 설정은 놀이시간뿐만 아니라 일상생활에서도 동일하게 적용되어야 합니다. 이는 부모와 아동을 안전하게 지켜 줍니다.

OKAY!!

또한 부모의 권위를 세울 수 있으며, 아동은 자신이 선택하고 결정한 사안과 행동의 결과에 대해 책임지는 것을 배우게 됩니다. **제한설정(또는 한계설정)**은 자녀가 지켜야 하는 것들을 분명하고 명확하게 알려 주어 자연스럽게 연습할 수 있도록 돕습니다.

부모는 최소한의 제한만을 두어 아동이 그 제한들을 기억하기 쉽게 합니다. 제한이 적어야 아동이 자유롭게 자신의 기분과 정서를 표현할 수 있습니다. 제한의 가장 기본적인 원칙은 안전, 자신과 타인에게 피해를 주지 않는 것, 물건을 일부러 망가뜨리지 않는 것입니다.

특별놀이시간에서의 제한은 다음과 같습니다.

시작시간
3:00 → 종료시간
3:30

1. 시간을 잘 지키는 것

2. 놀잇감을 일부러 부수지 않는 것

3. 부모를 때리지 않는 것

4. 그 외에 부모의 마음을 불편하게 하는 자녀의
행동에 대한 제한이 있습니다. 예를 들어, 슬라임
활동을 싫어한다면 그와 관련된 것에 대한 노출을
피하면 됩니다.

일상에서도 부모(또는 보호자)가 수용하기 어려운 것이 무엇인지를 아는 것은 매우 중요합니다. 이것은 **수용한계수준**이라 합니다.

★

제한을 설정할 때는

그 제한이 아동의 안전과 부모의 안전

그리고 놀잇감 보호를 위해

꼭 필요한 것인지를 먼저 고려합니다.

제한을 말해 주고 분명하고 일관성 있게 지켜야 아
동이 부모의 말을 지켜야 한다는 것을 배우게 되며
부모를 시험해 보는 행동을 하지 않게 됩니다. 정해
진 제한은 고무줄처럼 당길 때마다 달라지는 깃이
아닌 단단한 벽돌 벽과 같이 일관적이어야 합니다.

특별놀이시간 동안 제한을 어길 때에는

놀이시간을 끝낸다는 결과를 적용합니다.

제한은 여건에 따라 다르지만 대체로

부모에게 욕을 하거나,
부모 등에 올라타는 행위

벽이나 가구에
크레용으로 칠하는 행동

딱딱한 물건을
집어던짐

다음과 같은 것들이 있습니다.

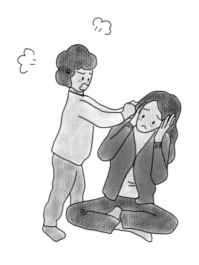

부모를 때림

창문이나 거울이나
깨지기 쉬운 곳에 물건을 던짐

놀잇감을 부숨

제한의 설정 3단계는 다음과 같습니다.

첫 번째 단계는 자녀의 행동 이면에 있는 감정을 반영하여 표현하는 것입니다. 그러면 자녀는 자신의 감정(또는 정서)을 인식하게 됩니다.

"뭔가 마음에 들지 않아 나를 때리려고 하는구나.",

"나에게 화가 난 모양이구나."

두 번째 단계는 규칙과 제한을 말합니다. 자녀에게 간단하고 분명하게 그리고 구체적으로 제한 행동을 말해 줍니다. 이때, 목소리는 화내지 않는 차분하면서도 평정심을 유지하며 단호하게 합니다. 자녀의 이름을 부르면서 제한 행동을 하고 싶어 하는 자녀의 마음을 읽어 주고 제한 행동을 할 수 없음을 말해 줍니다. 그리고 자녀가 제한 행동을 그만두고 수용 가능한 다른 활동을 선택할 수 있는 시간 동안 기다립니다.

"나를 꼬집으려는구나. 그렇지만 나를 꼬집어서

나를 아프게 하면 안 돼!"

세 번째 단계는 대안을 제시합니다. 자녀가 자신의
감정을 표현할 수 있는 다른 방법을 제안합니다.

"사람을 때릴 수는 없어.

그 대신 인형을 때릴 수는 있어.",

"나를 때릴 수는 없어.

대신 펀치백을 때릴 수는 있어."

자신의 감정(또는 정서)을 언어로 표현하는 것이 가장 좋습니다만 성장하는 아이들의 경우, 비언어적 표현이 먼저 출현하기 때문에 **수용 가능한 대안 행동**을 제시하는 것입니다.

세 번째 단계까지 실행하였지만 효과가 없을 경우, 자녀에게 경고를 합니다. 다시 한번 제한된 행동에 대해 말하고 제한을 어기면 어떤 일이 일어날지를 안내합니다. 제한을 어겨 그 결과를 경험할 것인지 아닌지를 자녀가 스스로 결정하도록 하는 것입니다. 경고를 한 후, 부모는 다시 자녀가 그만두고 다른 놀이를 하도록 기다립니다.

"엄마를 때릴 수는 없다고 말했지.
엄마를 때리면 오늘은 더 이상 놀이를 할 수 없어."

더 이상 놀이를
하지 않기로 했구나

아이들은 예측 가능할 때 더욱 안정감을 느끼고,

자신의 조절력을 발휘할 수 있게 됩니다.

그렇게 말했음에도 자녀가 제한을 어긴다면 부모는 다시 한번 제한 행동을 말해 주고 경고를 실행합니다. 역시나 화난 목소리가 아닌 차분하고 평정심을 유지한 채, 단호한 목소리로 말합니다.

특별놀이 시간이 끝나기 전, 종료에 대한 안내는 세 번 합니다. 10분 전에 "○○아, 오늘 놀이시간은 10분 남았어." 5분 전에 한 번 더 "○○아, 이제 5분 남았구나." 1분 전에는 정돈을 알립니다. "놀이시간이 끝났다. 이제 놀잇감을 정돈하자."라고 밝지만 단호한 목소리로 말합니다. 이렇게 하면 아동은 더 놀고 싶더라도 하고 있는 놀이를 끝내야 함을 압니다.

오늘 특별 놀이 시간은
10분(또는 5분) 남았어

10분전   5분전   1분전

특별놀이가 진행되면서 아이가 더 놀고 싶다고 할 수도 있습니다. 이때에는 아이의 마음을 읽어는 주되, 놀이시간이 끝났다는 것을 다시 한번 반복해서 말합니다. "더 놀고 싶었구나. 그렇지만 오늘 놀이시간은 끝났어. 다음 시간에 다시 놀 수 있단다."라고 말하고 부모는 일어서서 그 공간에서 나간다는 **행동적 신호**를 보내는 것이 도움이 됩니다. 이때, 아이가 **목표행동**(놀이를 마치고 공간을 나가는 것)을 하도록 돕기 위해서 아이가 선택하기에 유리한 두 가지를 제시합니다.

(예: 조금 더 어린 아이일 경우, 안고 나갈까? 업고

나갈까? – **아이의 발달수준을 고려한 선택지)**

이와 같은 기법은 반드시 기억해야 합니다.

단번에 잘될 것이라는 기대는 위험합니다. 점차 나아질 것이므로 꾸준히 실행하는 것이 중요합니다.

아동의 마음을 이해하는 것은 쉽지 않습니다.

아동의 마음을 보다 잘 이해하기 위해서는 그들이 보내는 언어적·비언어적 메시지를 면밀히 살펴야 합니다.

그것은 평소 아동의 놀이 및 활동, 분위기 등에 관심을 두고 세심히 살피는 것에서 답을 찾을 수 있습니다.

아동에게 놀이는 그들의 삶이며, 그들의 사고와 정서가 깃들기 때문입니다.

아동은 놀이를 통해서 그들의 호기심과 도전, 현재까지 경험했던 것들을 익숙해지도록 **연습하기를 반복**합니다.

또한 놀이는 그 안에서 얻는 즐거움과 해방감으로 실수의 두려움에서 벗어날 수 있는 가장 안전한 활동이며 그들의 생활에서 매우 중요한 일부입니다.

놀이를 통하여 그들은 스스로 터득하고 알아 가는 기쁨을 축적하게 됩니다.

그들의 현실 속에서 일어나는 고통스러운 경험이 놀이 안에서 치유되는 경험을 할 수도 있습니다.

놀이는 모든 아동의 삶의 기본이며,

그것을 통해서 세상을 이해하게 됩니다.

가장 안전한 대상과의 정서적 안정을 구축하기 위한 정서중심(또는 아동중심) 30분 놀이의 꾸준한 실천은 보다 안정적인 반응적 상호작용의 관계연습과 아동 자신의 정서인식·표현·조절력을 향상시키는 데 도움이 됩니다. 또한, 정서조절력을 바탕으로 자존감과 신뢰로운 관계 안에서 획득한 자기 확신감을 형성하도록 도울 것입니다.

Reference

배선미(2021).《정서중심 실천육아》. 서울: 좋은땅 출판사.

최영희(2006).〈부모교육으로서의 부모놀이치료 효과에 대한 연구〉, 아동학회지 Korean journal of child studies (5) 1~17.

Garry L. Landreth 저, 유미숙 역(2015).《놀이치료-치료관계의 기술》. 서울: 학지사.

Cheryl Bodiford McNeil·Toni L. Hembree-Kigin 편저, 이유니 역(2013).《부모-아동 상호작용치료》. 서울: 학지사.

Parent-Child Interaction Therapy's National Advisory Group Committee on Training.(2008, October). *Parent-child interaction therapy's training guidelines*. Accessed from www.pcit.org on June 23, 2009.